BEI GRIN MACHT SICH IHR WISSEN BEZAHLT

- Wir veröffentlichen Ihre Hausarbeit, Bachelor- und Masterarbeit

- Ihr eigenes eBook und Buch - weltweit in allen wichtigen Shops

- Verdienen Sie an jedem Verkauf

Jetzt bei www.GRIN.com hochladen und kostenlos publizieren

Martina Schiller

Förderung mathematischer Kompetenzen im Vorschulalter

GRIN Verlag

Bibliografische Information der Deutschen Nationalbibliothek:

Die Deutsche Bibliothek verzeichnet diese Publikation in der Deutschen Nationalbibliografie; detaillierte bibliografische Daten sind im Internet über http://dnb.d-nb.de/ abrufbar.

Dieses Werk sowie alle darin enthaltenen einzelnen Beiträge und Abbildungen sind urheberrechtlich geschützt. Jede Verwertung, die nicht ausdrücklich vom Urheberrechtsschutz zugelassen ist, bedarf der vorherigen Zustimmung des Verlages. Das gilt insbesondere für Vervielfältigungen, Bearbeitungen, Übersetzungen, Mikroverfilmungen, Auswertungen durch Datenbanken und für die Einspeicherung und Verarbeitung in elektronische Systeme. Alle Rechte, auch die des auszugsweisen Nachdrucks, der fotomechanischen Wiedergabe (einschließlich Mikrokopie) sowie der Auswertung durch Datenbanken oder ähnliche Einrichtungen, vorbehalten.

Impressum:

Copyright © 2011 GRIN Verlag GmbH
Druck und Bindung: Books on Demand GmbH, Norderstedt Germany
ISBN: 978-3-656-13033-8

Dieses Buch bei GRIN:

http://www.grin.com/de/e-book/188927/foerderung-mathematischer-kompetenzen-im-vorschulalter

GRIN - Your knowledge has value

Der GRIN Verlag publiziert seit 1998 wissenschaftliche Arbeiten von Studenten, Hochschullehrern und anderen Akademikern als eBook und gedrucktes Buch. Die Verlagswebsite www.grin.com ist die ideale Plattform zur Veröffentlichung von Hausarbeiten, Abschlussarbeiten, wissenschaftlichen Aufsätzen, Dissertationen und Fachbüchern.

Besuchen Sie uns im Internet:

http://www.grin.com/

http://www.facebook.com/grincom

http://www.twitter.com/grin_com

UNIVERSITÄT KOBLENZ-LANDAU,
CAMPUS LANDAU
Institut für Mathematik

Bachelorarbeit

Förderung mathematischer Kompetenzen im Vorschulalter –
Advancement of mathematical competencies in preschool age

vorgelegt von:
Martina-Katharina Schiller

Frankenthal, den 29.11.2011

Inhaltsverzeichnis Seite

1 Einleitung 1

2 Entwicklung mathematischer Kompetenzen im Vorschulalter 3

   2.1 Die Erforschung der Zahlbegriffsentwicklung 3

      2.1.1 Das Logical-Foundations-Modell nach Piaget 3

      2.1.2 Numerische Fähigkeiten von Kleinkindern und Säuglingen 4

      2.1.3 Skills-Integration-Modelle zur Zahlbegriffsentwicklung 5

      2.1.4 Die Entwicklung von Zählkompetenz und Zahlbegriff 6

   2.2 Entwicklungsmodell früher mathematischer Kompetenzen nach Krajewski 8

3 Bedeutung und Standards der Förderung früher mathematischer Kompetenzen 13

   3.1 Vorhersage von Rechenschwierigkeiten 13

   3.2 Standards für das Mathematiklernen im Vorschulalter 15

4 Ansätze zur Förderung früher mathematischer Kompetenzen 17

   4.1 Trainingsprogramme 17

      4.1.1 „Komm mit ins Zahlenland" 18

      4.1.2 „Mengen, zählen, Zahlen" 19

   4.2 Nutzen und Schaffen mathematischer Lerngelegenheiten 20

      4.2.1 Mathematik im Alltag 22

      4.2.2 Mathematik im Spiel 23

Literaturverzeichnis 28

Abbildungsverzeichnis   Seite

Abbildung 1: Entwicklungsmodell früher mathematischer Kompetenzen
(Quelle: Krajewski, 2008a, S.276) 9

Abbildung 2: Formen der Zahlengärten aus Komm mit ins Zahlenland
(Quelle: Friedrich, de Galgóczy, 2004) 18

Abbildung 3: Zahlentreppe aus Mengen, zählen, Zahlen
(Quelle: Krajewski, 2008b) 20

1 Einleitung

Die Bedeutung des Anfangsunterrichts und der vorschulischen Bildung für die Lernentwicklung der Kinder ist in den letzten Jahren immer mehr in den Fokus der Öffentlichkeit geraten. Dies wurde vor allem durch die Ergebnisse internationaler Studien wie PISA („Programme for International Student Assessment") und IGLU („Internationale Grundschul-Lese-Untersuchung") unterstützt. PISA konnte einen Zusammenhang zwischen der Dauer des Besuchs einer vorschulischen Bildungseinrichtung und den späteren Mathematikleistungen feststellen.[1] Ebenso konnte auch die LOGIK-Studie („Longitudinalstudie zur Genese individueller Kompetenzen") einen Zusammenhang zwischen den quantitativen mathematischen Fähigkeiten im Vorschulalter und den im Jugendalter gemessenen mathematischen Fähigkeiten erkennen.[2] Die Lernprozesse im Vorschulalter legen also ganz entscheidende Grundlagen für schulische Lernprozesse. Genauso wie Schreiben und Lesen, gehört auch das Rechnen und der Umgang mit Mengen, Zahlen, Formen und Größen zu den fundamentalen Kulturtechniken. Damit hat die Mathematik einen berechtigten Stellenwert in der allgemeinen Bildung und wird auch in der vorschulischen Bildungsarbeit immer mehr in den Fokus gerückt. Mathematiklernen beginnt bereits im frühen Kindesalter und Kinder werden schon früh vielfältigen Anforderungssituationen mit mathematischem Charakter ausgesetzt. Sie erwerben dabei mathematische Basiskompetenzen vor allem in informellen Kontexten. Hier nehmen Kindertageseinrichtungen eine wichtige Rolle in der frühen mathematischen Kompetenzentwicklung ein. Entsprechend wurde in einem Beschluss der Jugendministerkonferenz im Jahr 2002 der Bildungsauftrag der Kindertageseinrichtungen betont.[3] Diese sollen nicht nur ein Raum zum Spielen sein, sondern es sollte auch der Grundstein für späteres Lernen gelegt werden. Mit dieser Forderung werden einige Fragen aufgeworfen, die in der vorliegenden Arbeit thematisiert werden. Wie entwickeln sich frühe mathematische Kompetenzen? Welche frühen Fertigkeiten und Fähigkeiten können bei Kindergartenkindern als bedeutsam für das spätere Mathematiklernen angesehen werden? Wie können diese Fähigkeiten gefördert werden? Das Ziel dieser Arbeit ist es Kenntnisse darüber zu entwickeln, wie sich mathematisches Denken im Vorschulalter entwickelt und welche Fähigkeiten Kinder bereits vor Schuleintritt erwerben, um einen Ausgangspunkt für die Förderung früher mathematischer Kompetenzen zu schaffen und

---

[1] vgl. Prenzel et al., 2004, S.274f.
[2] vgl. Hellmich, 2008, S.88.
[3] vgl. Jugendministerkonferenz, 2002, S.1f.

diese zu verbessern. Zunächst wird ein Überblick über die bisher vorliegenden Forschungsbefunde zur Entwicklung mathematischer Kompetenzen von Vorschulkindern gegeben. Ausgehend von den Arbeiten von Piaget werden verschiedene Erkenntnisse zur Zahlbegriffsentwicklung betrachtet. Diese werden schließlich in einem Entwicklungsmodell früher mathematischer Kompetenzen von Krajewski zusammengeführt. Im dritten Kapitel werden Ergebnisse zur Bedeutung dieser frühen mathematischen Fähigkeiten für das schulische Mathematiklernen dargestellt. Bildungs- oder Orientierungspläne sind als Voraussetzung für Kontinuität und Erfolg von früher Bildung zu sehen. Die Beiträge dieses Kapitels machen deutlich, wie wichtig es ist, die individuellen mathematischen Kompetenzen schon vor dem Beginn der Schule zu erfassen und zu fördern. Hierzu werden im vierten Kapitel einige Ansätze erläutert. Im letzten Kapitel werden die Erkenntnisse zusammengefasst und Hinweise für eine erfolgreiche Förderung mathematischer Kompetenzen im Vorschulalter gegeben.

2 Entwicklung mathematischer Kompetenzen im Vorschulalter

Befasst man sich mit Fragen zur mathematischen Bildung im Vorschulbereich, ist es unumgänglich, sich mit der Entwicklung mathematischer Kompetenzen auseinanderzusetzen. Diese beginnt wie die Entwicklung schriftsprachlicher Kompetenzen bereits in der frühesten Kindheit, was eine Vielzahl an Ergebnissen aus der Säuglingsforschung beweist[4] Da der Vermittlung der Kulturtechniken „Zählen und Rechnen" in der Grundschule eine zentrale Bedeutung zukommt und das Vorwissen über Zahlen im Vorschulalter für den Erfolg im späteren Mathematikunterricht wichtig ist, beschäftigt sich ein großer Teil der Forschung von der Entwicklung des mathematischen Denkens mit der Entwicklung des Zahlbegriffs und der Zählkompetenz.[5]

2.1 Die Erforschung der Zahlbegriffsentwicklung

Aufgrund entwicklungspsychologischer Forschung hat man Erkenntnisse über unterschiedliche Vorstellungsmodelle der Zahlbegriffsentwicklung und der Zählentwicklung, welche bei der Zahlbegriffsentwicklung von großer Bedeutung ist.[6] Im Wesentlichen lassen sich bezüglich des Zahlbegriffserwerbs zwei konkurrierende Modelle zu den Bedingungen des Zahlbegriffs unterscheiden: das auf den Kognitionspsychologen Jean Piaget zurückgehende *Logical-Foundations*-Modell und die sich deutlich von Piagets Theorien absetzenden *Skills-Integration*-Modelle, die neuere fachdidaktische und entwicklungspsychologische Befunde reflektieren.[7] Des Weiteren werden Erkenntnisse zur Entwicklung von Zählkompetenz und des Zahlbegriffs erläutert.

2.1.1 Das Logical-Foundations-Modell nach Piaget

Die Arbeiten Piagets beeinflussten die Theorie und Praxis der mathematischen Frühförderung in den 1960/70er und auch heute noch entscheidend. Er geht davon aus, dass sich der Zahlbegriff auf der Grundlage von logisch formalen Operationen entwickelt. Dabei geht Piaget im Wesentlichen von drei zentralen Operationen aus: (1) Erhaltung der Quantitäten und Invarianz der Mengen, (2) kardinale und ordinale Eins-zu-eins-Zuordnungen, (3) additive und multiplikative Kompositionen. Die Herleitung des *kardinalen* Zahlenaspekts (eine Zahl gibt die Anzahl der Elemente einer Menge an) erfolgt

---

[4] vgl. Krajewski, 2008a, S.275.
[5] vgl. Ftheakis et al., 2009, S.83.
[6] vgl. Gasteiger, 2010, S.19.
[7] vgl. Krajewski, Grüßing, Peter-Koop, 2009, S.18.

bei ihm über die Klassifikationen. Die Herleitung des *ordinalen* Aspekts (eine Zahl gibt den Rangplatz in einer geordneten Menge an) über die Ordnungsrelationen.[8] Das Zählen hingegen leistet in seinen Augen keinen Beitrag zur Zahlbegriffsentwicklung, „da das laute Zählen erst dann eine wirklich numerische Bedeutung erlangt, wenn die Operationen im praktischen Bereich [Herstellung operatorischer Korrespondenz] logisch konstituiert worden sind."[9] Bis heute beeinflussen Piagets Postulate zur Zahlbegriffsentwicklung die Arbeit der Vorschulpädagoginnen und Pädagogen, obwohl Piagets Theorien bereits seit den späten 1970er Jahren in die Kritik von Entwicklungspsychologen und Fachdidaktikern gerieten Durch Impulse und geplante Aktivitäten, regen sie die Kinder zu logischen Operationen, also zum Klassifizieren und zur Seriation an, um sie „bei der Entwicklung ihres Zahlenverständnisses vorbereitend zu begleiten"[10].. Die Kritik an Piagets Untersuchungen bezog sich neben forschungsmethodologischen Fragen bezüglich der Durchführung seiner Experimente, auch auf fachliche und fachdidaktische Aspekte. So ist beispielsweise Piagets Ansatz, dass Kardinal- und Ordinalzahlen weitgehend simultan entwickelt werden, nach verschiedenen Untersuchungen nicht länger haltbar. Es konnte gezeigt werden, dass das Verständnis der Ordinalzahl vor dem der Kardinalzahl entwickelt wird und dass gezieltes Training des Ordinalzahlaspektes zu einem größerem Zuwachs an arithmetischen Fähigkeiten führt als schwerpunktmäßige Aktivitäten zum Kardinalzahlaspekt.[11]

2.1.2 Numerische Fähigkeiten von Kleinkindern und Säuglingen

Auch Ergebnisse der Säuglingsforschung stehen im Wiederspruch zu Piagets Theorien. So konnte in Studien seit den 1980er Jahren gezeigt werden, dass bereits Säuglinge offenbar Fähigkeiten in Bezug auf Mengendiskrimination und das Erkennen von Mengenveränderungen haben.[12] Mit Habituationsexperimenten, einer für Säuglinge besonders geeigneten Versuchsmethodik, hat man dies in den Achtziger und Neunziger Jahren nachgewiesen. Bei diesem Untersuchungsverfahren macht man sich die Tatsache zu nutze, dass Säuglinge neue Dinge oder Ereignisse länger anschauen, also mehr Aufmerksamkeit widmen als solche, die sie schon kennen und an die sie sich gewöhnt („habituiert"[13]) haben. So wurden die Aufmerksamkeitsspanne von Säuglingen über die Fixationsdauer des Blicks gemessen. Man lässt Säuglinge Bilder oder Handlungen, die auf

---

[8] vgl. Piaget, 1964, S.50ff.
[9] vgl. Piaget, Szeminska, 1972, S.100.
[10] van Oers, 2004, S. 313.
[11] vgl. Krajewski, Grüßing, Peter-Koop, 2009, S.19.
[12] vgl. ebd.
[13] Krajewski, 2005, S.49.

einem Bildschirm direkt vor ihnen präsentiert werden betrachten, dabei werden mit einer Kamera Blickrichtung und Fixationszeit festgehalten. Die Blickdauer bleibt unverändert kurz, wenn Ereignisse präsentiert werden, die für das Kind keinen neuen Reiz darstellen. Mit einer längeren Fixationsdauer reagieren sie, wenn ein dargebotener Reiz eine Veränderung oder etwas Unerwartetes bedeutet.[14] Untersuchungen zur Mengenunterscheidung und einfacher Additions- und Subtraktionsleistungen verweisen auf die Annahmen, dass Kinder bereits über numerische Kompetenzen verfügen, bevor sie zählen können. Daraus, dass Kinder die Mengenunterschiede erkennen, kann nicht auf ein Verständnis der Prozesse zur Mengenveränderung geschlossen werden. Man geht aber davon aus, dass offensichtlich schon im frühesten Kindesalter „eine gewisse Sensibilität für Mengen und Mengenveränderungen vorhanden ist, die dem Kind als Ansatzpunkt für mathematisches Denken und Lernen dienen kann."[15]

2.1.3 Skills-Integration-Modelle zur Zahlbegriffsentwicklung

Im Zusammenhang mit der Kritik an Piagets Theorie zur Zahlbegriffsentwicklung und dem auf dieser Theorie gründenden Logical-Foundations-Modell, wurden seit den 1980er Jahren basierend auf entsprechenden Untersuchungsergebnissen vor allem im angloamerikanischen Sprachraum alternative Modelle entwickelt, die Clements unter dem Begriff Skills-Integration-Models zusammenfasst.[16] Die Entwicklung des Zahlbegriffs basiert, unter der Annahme, dass bereits junge Kinder über Fertigkeiten und Einsichten in Bezug auf Zahlen verfügen, auf der Integration verschiedener Begriffe, Fähigkeiten und Fertigkeiten. Von Vertretern dieses Ansatzes werden besonders die Integration von so genannten *Number Skills* wie Zählen, Subitizing und Vergleichen hervorgehoben.[17] Clements konnte in einer Interventionsstudie empirisch belegen, dass Vorschulkinder bezüglich ihrer Zahlbegriffsentwicklung eindeutig von einem auf *Zählfertigkeiten* basierten Training profitieren konnten.[18] Die Ergebnisse der Studie indizieren, dass beim Training der Zählfertigkeiten die logischen Operationen implizit mittrainiert wurden. „Entsprechend ist spezielles Training in logischen Operationen eher unnötig, während ein gut strukturiertes Training von Zählkompetenzen nicht nur die Entwicklung dieser Fähigkeit

---

[14] vgl. Krajewski, 2005, S.49f.
[15] Gasteiger, 2010, S.24.
[16] vgl. Clements, 1984, S.766ff.
[17] vgl. Krajewski, Grüßing, Peter-Koop, 2009, S.21.
[18] vgl. ebd.

fördert, sondern auch die Grundlage für den Erwerb eines umfassenden Zahlbegriffs bildet."[19]

2.1.4 Die Entwicklung von Zählkompetenz und Zahlbegriff

Resnick beschreibt 1989 die zuerst unabhängige Entwicklung von zwei Typen kognitiver Schemata.[20] Neben dem Erwerb der Zahlwortreihe entwickelt sich auch räumlich-analoges Wissen über Quantitäten, d.h. bevor Kinder Mengen konkret beurteilen können, erwerben sie ein nichtnumerisches quantitatives Wissen, welches Resnick *protoquantitative Schemata* nennt. Das *protoquantitative Schema des Vergleichs* ermöglicht es Kindern Urteile über Quantitäten zu fällen, indem sie Mengen von Objekten zuerst als „viel" oder „wenig" bezeichnen und diese Mengen anschließend wahrnehmungsgebunden miteinander vergleichen. Mit diesem Schema können Kinder auch beurteilen, ob eine numerisch unbestimmte Menge mehr oder weniger wird, wenn etwas hinzugefügt oder weggenommen wird. Verknüpft mit dem Wissen über die Zahlwortreihe bildet dieses Schema die Grundlage für die Addition und Subtraktion. Das *protoquantitative Teil-Ganzes-Schema* spiegelt das Verständnis über die Zerlegung einer Menge in Teile und die Zusammenfügung dieser Teile zur ganzen Menge wider. Erhält dieses Schema später auch einen Zahlbezug, gelangen Kinder zu Erkenntnissen über die Beziehungen zwischen Zahlen. Dieses nennt Resnick das *zahlbezogene Teil-Ganzes-Schema*. Es organisiert das Wissen über die Beziehungen zwischen Teilen und dem Ganzen und ermöglicht Formen des mathematischen Denkens, die jüngeren Kindern nicht zugänglich sind, Dieses Schema liegt verschiedenen Typen von Textaufgaben zugrunde, in denen nach verschiedenen Mengen wie der Summe, der Differenz, der Startmenge oder der Austauschmenge gefragt wird. „Der komplexe Prozess der Entwicklung von Zählkompetenz besteht unter anderem aus einem Zusammenspiel der Kenntnis der Zahlwortreihe, dem Abzählen im Sinne der Eins-zu-eins-Zuordnung von Objekt und Zahlwort, sowie dem Verständnis verschiedener Zahlaspekte."[21]

Die Zählentwicklung ist an den Erwerb der Zahlwortreihe geknüpft. Fuson beschreibt in seinem Modell der Zählentwicklung in fünf Entwicklungsschritten, wie Kinder die Zahlwortreihe erwerben, um sie letztendlich erfolgreich beim Zählen verwenden zu können. Der Entwicklung geht voraus, dass Kinder offensichtlich frühzeitig Zahlwörter

---

[19] vgl. Krajewski, Grüßing, Peter-Koop, 2009, S.21.
[20] vgl. Resnick, 1989, S.162ff.
[21] Krajewski, Grüßing, Peter-Koop, 2009, S.22.

Förderung mathematischer Kompetenzen im Vorschulalter 7

von anderen Wörtern unterscheiden können.[22] Erste Schritte in der Zählentwicklung werden im *String level* (Zahlwortreihe als Ganzheit) beschrieben. Die Zahlwortreihe kann nur als Ganzes aufgesagt werden, einzelne Wörter werden nicht als solche erkannt. In dieser Phase können zwar bereits einzelne Zahlwörter als Einheit aufgefasst werden, es gibt aber auch Abschnitte innerhalb der Zahlwortreihe, die als festgelegtes Ganzes verstanden werden. Die Eins-zu-eins Zuordnung von Zahlwort und Objekt wird erst im nächsten, dem *Unbreakable list level* (Unflexible Zahlwortreihe) möglich. Jedem zu zählenden Objekt wird hier bereits eindeutig ein Zahlwort zugeordnet, sodass die Zahlwortreihe zum Abzählen genutzt werden kann. Die richtige Reihenfolge kann aber trotzdem nur produziert werden, wenn das Kind mit „eins" beginnt. Im Alter von etwa vier Jahren erreichen Kinder das *Breakable chain level* (Teilweise flexible Zahlwortreihe) und können von jeder beliebigen Startzahl aus mit dem Zählen beginnen. Jedes Wort wird getrennt von anderen Zahlwörtern wahrgenommen und es kann ohne Schwierigkeiten der Nachfolger und der Vorgänger genannt werden. Es entwickelt sich außerdem die Fähigkeit, rückwärts zu zählen, wobei Fuson eine eindeutige zeitliche Verzögerung zwischen dem Erwerb der Zahlwortreihe vorwärts und dem der Zahlwortreihe rückwärts feststellte. Es folgt das *Numerable chain level* (Flexible Zahlwortreihe), in dem ein Kind von jeder beliebigen Zahl schrittweise weiterzählen kann. Jedes Zahlwort beschreibt die Menge der abgezählten Objekte und zugleich die Anzahl der vorausgegangenen Zahlworte und Zählschritte. Damit wird auch die Zahlwortreihe zählbar. Auf dem letzten Level, dem *Bidirectional chain level* (Vollständig reversible Zahlwortreihe), können Kinder von beliebigen Zahlwörtern beginnend zügig vorwärts und rückwärts zählen und flexibel zählend rechnen.[23]

Während Fuson davon ausgeht, dass die Aktivitäten und Gelegenheiten, die den Kindern zum Erproben und Lernen der Zahlwortreihe geboten werden, den Zahlbegriffserwerb wesentlich beeinflussen, gehen Gelman und Gallistel[24] davon aus, dass es Prinzipien des Zählen gibt, die schon vor dem Erlernen der eigentlichen Zahlwortreihe vorhanden sind. Diese fünf Prinzipien umschreiben, was eine erfolgreiche Zählprozedur ausmacht. Das *One-one Principle* (Eindeutigkeitsprinzip) beschreibt die Eins-zu-eins-Zuordnung von Zahlworten und den Elementen der abzuzählenden Menge. Beim Zählen muss jedem Gegenstand genau ein Zahlwort zugeordnet werden. Das *Stable-Order Principle* (Prinzip

---

[22] vgl. Fuson, 1988, S.35ff.
[23] vgl. Ebd.
[24] vgl. Gelman, Gallistel, 1986, S.77ff.

der stabilen Ordnung) sagt, dass die Zahlworte in einer stabilen, jederzeit wiederholbaren Reihenfolge verwendet werden muss. Mit dem *Cardinal Principle* (Kardinalzahlprinzip) wird beschrieben, dass das im Zählakt zuletzt genannte Zahlwort nicht nur dieses Objekt beschreibt, sondern auch die Anzahl aller abgezählten Elemente angibt. Die drei genannten Prinzipien beschreiben Grundlagen für einen erfolgreichen Zählprozess und werden deshalb „how-to-count-principles" genannt. Das nächste Prinzip bezieht sich auf die zu zählenden Gegenstände und wird deshalb „what-to-count-principle" genannt.[25] Das *Abstraction Principle* (Abstraktionsprinzip) gibt an, dass beliebige Gegenstände unabhängig von ihren Merkmalen zu einer Menge zusammen gefasst und gezählt werden können. Das letzte Prinzip bezieht sich wiederum auf alle vorausgehenden. Das *Order-Irrelevance Principle* (Prinzip der Irrelevanz der Anordnung) beschreibt, dass die Anordnung in der die Elemente gezählt werden, keine Auswirkungen auf das Zählergebnis hat.

Beim Vergleich der beiden Ansätze zum Erwerb des Zählens sprechen einige Befunde dafür, dass beim Aufbau der Zählkompetenz der sprachliche Erwerb der Zahlwortreihe im Vordergrund steht, aus der sich schließlich der Ordinalzahlaspekt entwickelt. Über Erfahrungen in Zählsituationen und Generalisierungsprozessen entwickeln die Kinder auch eine Einsicht in die Zählprinzipien. Aus der Verknüpfung von Zählzahl und der Mächtigkeit der abgezählten Menge entwickelt sich schließlich auch das kardinale Verständnis.[26] Die Theorien haben gemeinsam, dass sie beide dem Zählen eine bedeutende Rolle im Rahmen des Zahlbegriffserwerbs zusprechen und sich somit von Piagets *Logical-Foundations-Modell* abgrenzen. Auch Resnick stellte 1989 heraus, dass gerade in der Verknüpfung von Zählsequenz und logischen Operationen mit Mengen die Grundlage der kindlichen Zahlbegriffsentwicklung liegt.[27]

2.2 Entwicklungsmodell früher mathematischer Kompetenzen nach Krajewski

Nach Krajewski 2008 S. 363 sollte mathematische Frühförderung darauf abzielen, systematisch eine abstrakte Vorstellung über Zahlen aufzubauen. Dabei seien verschiedene Ebenen zu beachten, auf denen sich der Erwerb mathematischer Kompetenzen vollziehe. Das in Abbildung 1 dargestellte Modell, welches Krajewski aus der Theorie von Resnick

---

[25] Gelman, Gallistel, 1986, S.80.
[26] vgl. Krajewski, Grüßing, Peter-Koop, 2009, S.23.
[27] vgl. Resnick, 1989, S.162ff.

1989 weiterentwickelte beschreibt, wie Kinder erst verschiedene Kompetenzen im Umgang mit Mengen und Zahlen erwerben, bevor sie über die Voraussetzungen für das Verständnis der Schulmathematik verfügen. Dieses Entwicklungsmodell kann nach Krajewski für eine frühe mathematische Förderung herangezogen werden. Es erfolgt eine differenzierte Darstellung der einzelnen Entwicklungsstufen, welche auf den Ausführung von Krajewski 2008 S. 363ff, 2008a S.275ff. basiert.

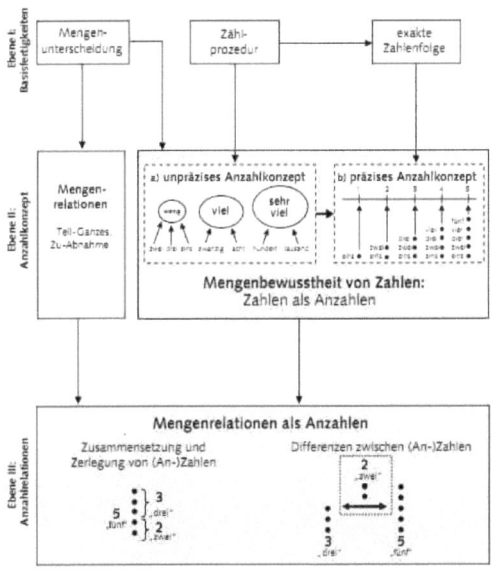

Abbildung 1: Entwicklungsmodell früher mathematischer Kompetenzen
(Quelle: Krajewski, 2008a, S.276)

Ebene I: Entwicklung numerischer Basisfertigkeiten
Kinder kommen bereits mit der Fähigkeit zwischen Mengen zu unterscheiden auf die Welt. Diese Differenzierungsfähigkeit bezieht sich auf die Wahrnehmung von „numerisch unbestimmten Mengen, das heißt bereits Säuglinge können zwischen der *Ausdehnung* von Mengen differenzieren (mehr oder weniger *Fläche* bzw. *Umfang*)."[28] Zwischen „diskreten Anzahlen"[29] (mehr oder weniger *Stück*) können sie jedoch nicht differenzieren. Kleine Kinder nehmen unterschiedliche Anzahlen von Objekten genau dann *nicht* als unterschiedlich wahr, wenn die Objekte die gleichen Gesamtumfänge haben (z.B. ein großes Quadrat vs. zwei kleine Quadrate mit der selben Fläche wie das große Quadrat).

---

[28] Krajewski, 2008a, S.277.
[29] ebd. S.276.

„Wenn sie eine Menge als ‚viel' erkennen, bezieht sich das demnach auf die Tatsache, dass diese Mengen viel Fläche (aber nicht zwangsläufig viele Elemente) beinhaltet."[30] Mit ungefähr zwei Jahren lernen Kinder die *Zählprozedur* kennen und erwerben damit bereits konkrete numerische Begriffe (Zahlwörter). Diese Zahlwörter setzen sie aber noch nicht zur Beschreibung von Mengen ein. Hierfür ist es notwendig, dass Kinder Unterschiede in Bezug auf Mengen zwischen einzelnen Elementen statt bloßen Flächen wahrnehmen können. Zahlen müssen als einzelne Wörter wahrgenommen werden und sie müssen verstehen, dass beim Zählen jede Zahl genau einmal vorkommt. Dann ist es möglich, die Zählprozedur an Mengen zu knüpfen und somit die nächste Kompetenzstufe zu erreichen.

Ebene II: Erwerb des Anzahlkonzepts
Zu dem Bewusstsein, dass hinter Zahlen Mengen stehen und dass umgekehrt Mengen mit Zahlwörtern beschrieben werden können, kommen Kinder bereits ab etwa drei Jahren auf der zweiten Kompetenzebene. Durch das Üben vielfältigen Abzählens von Elementen und die somit zunehmende Kopplung der Zählprozedur an Mengen, erlangen die Zahlworte zum ersten mal eine quantitative Bedeutung. Diese Entwicklung vollzieht sich in zwei Phasen. In der ersten Phase repräsentieren die Zahlworte noch keine exakten Mengen, sondern werden nur einem unbestimmten Mengenbegriff („viel") zugeordnet (*unpräzises Anzahlkonzept*). Kinder verstehen bereits, dass es Zahlen gibt, die eine kleine Menge („eins", „drei" → „wenig"), eine große Menge („acht", „zwanzig" → „viel") oder eine sehr große Menge („hundert", „tausend" → „sehr viel") repräsentieren. Innerhalb dieser groben Anzahlkategorien, können sie jedoch noch nicht differenzieren, da jeder dieser Anzahlkategorien nicht nur eine, sondern mehrere Zahlen zugeordnet sind (nicht nur „zwanzig", sondern auch „acht" ist „viel"). „Es existiert also noch keine eindeutige Zuordnung der Zahlen zu exakten einzelnen Anzahlen, sondern die Zahlen repräsentieren noch sehr ungenau (unpräzise) die Größe von Mengen."[31] In dieser Phase können Kinder, obwohl sie nicht bis 100 zählen können, „hundert" mit der Menge „sehr viel" in Verbindung setzen. Dies geschieht, weil sie „viel" gleichsetzen mit „viel *zählen* müssen" (im Sinne von *lange* zählen) und „wenig" mit „wenig zählen müssen" (nicht so lange zählen). Für die zweite Phase der Entwicklung des Anzahlkonzepts ist nun die Erkenntnis, „dass die *Länge* des Zählens *exakt* mit der *ausgezählten Menge* korrespondiert und dass dieser Menge die zuletzt genannte Zählzahl zugewiesen wird (*präzises Anzahlkonzept* bzw.

---
[30] Krajewski, 2008a, S.276.
[31] ebd. S.277.

Kardinalzahlverständnis)"[32] entscheidend. Daraus ergibt sich das Verständnis, dass die Zahlfolge exakte, aufsteigende Quantitäten repräsentiert (*Anzahlseriation*). Erst jetzt ist es möglich für den exakten numerischen Vergleich von Mengen die Strategie des Zählens erfolgreich einzusetzen und Zahlen erstmals nach ihrer Größe zu vergleichen. Somit sind erst jetzt die Voraussetzung geschaffen, um verstehen zu können, dass beim Zählen die jeweilige Startzahl bereits eine Teilmenge repräsentiert. „Der Erwerb des präzisen Anzahlkonzepts stellt damit die bedeutendste Basiskompetenz für den erfolgreichen Erwerb der Grundschulmathematik dar."[33] Unabhängig davon bildet sich ein Verständnis für die *Relationen zwischen Mengen* heraus. Kinder können jetzt verstehen, dass man Mengen in Teile zerlegen und wieder zusammenfügen kann[34] und dass Mengen nur dann „weniger" oder „mehr" werden, wenn man etwas wegnimmt oder dazugibt.[35]

Ebene III: Erwerb der Anzahlrelationen
Auf der dritten Ebene wird das Verständnis für Mengenrelationen mit dem Anzahlkonzept verknüpft und es resultiert ein tieferes Verständnis der Zahlenstruktur. Es werden nun *Relationen* innerhalb einer Menge bzw. zwischen zwei Mengen als *diskrete Anzahlen* begriffen und mit Zahlen belegt. „Kinder erlangen damit die entscheidende Basiskompetenz für den Umgang mit Arithmetik und für das Verständnis der Zahlen als Relationszahlen."[36] Einerseits entwickelt sich das Verständnis, dass sich Zahlen in kleinere Zahlen zerlegen und zusammensetzen lassen, es wird also das Teil-Ganzes-Schema zur Zerlegung *einer* Menge in seine Teile mit dem Anzahlkonzept verknüpft und führt zum Verständnis der Anzahlzerlegung („fünf Elemente lassen sich in drei und zwei Elemente aufteilen"; Ebene IIIa). Es wird andererseits erkannt, dass sich *zwei* Mengen um eine dritte Menge unterscheiden, welche ebenfalls mit einer exakten Zahl belegt werden kann („fünf sind *zwei mehr als* drei"; Ebene IIIb). Im Vergleich zu den vorhergehenden Ebenen und im Vergleich zur Anzahlzerlegung (Ebene IIIa), bezieht sich diese Anzahldifferenz auf eine *Beziehung* zwischen zwei Mengen (im Beispiel: die Differenzmenge mit zwei Elementen), die der unmittelbaren Wahrnehmung nicht zugänglich ist. „Hier erlangen geeignete Darstellungsmittel zur Veranschaulichung der Beziehungen zwischen den Anzahlen eine besonderer Bedeutung."[37]

---

[32] Krajewski, 2008, S.364.
[33] Krajewski, 2008a, S.278.
[34] vgl. Resnick, 1989, S.162ff.
[35] vgl. ebd.
[36] Krajewski, 2008, S.365.
[37] ebd.

„Das beschriebene Modell stellt differenziert dar, wie sich die Entwicklung von der Geburt bis zum Schuleintritt vollzieht und wie Kinder das Verständnis für die Grundprinzipien des Zahlsystems erlangen."[38] Die dargestellten Ebenen unterscheiden sich qualitativ voneinander, werden aber nicht zwangläufig für die verbalen Zählzahlen, die arabischen Zahlsymbole und für alle Anzahlen gleichzeitig durchlaufen. Kinder, die noch nicht mit den Zahlsymbolen vertraut sind, können trotzdem schon mit den Zählzahlen die höheren Kompetenzebenen erreichen. Kinder können sich für verschiedene Teile der Zahlwortreihe *gleichzeitig* auf verschiedenen Ebenen befinden (die höheren Ebenen werden für kleinere Anzahlen früher erreicht als für größere). Keine der drei Ebenen erfordert ein ausschließlich mentales Operieren, da alle Kompetenzen (Anzahlkonzept und Anzahlrelationen) an *realen* Darstellungsmitteln vermittelt werden können.

---

[38] Krajewski, 2008a, S.279.

3 Bedeutung und Standards der Förderung früher mathematischer Kompetenzen

Das Bewusstsein dafür, dass frühe mathematische Förderung sinnvoll und notwendig ist, um gute Ausgangsbedingungen für das weitere Lernen der Kinder zu ermöglichen, verstärkte sich in den letzten Jahren immer mehr. Die, vor allem durch die TIMS- und PISA-Studien ausgelöste, Bildungsdiskussion in der ganzen Gesellschaft und die Entwicklung von Bildungsplänen für den vorschulischen Bereich, trugen ihren wesentlichen Teil dazu bei.[39] Eine weitere Facette der Diskussion um elementare mathematische Bildung werfen die Forschungsergebnisse zur Vorhersage von Rechenschwierigkeiten aufgrund von Fähigkeiten und Fertigkeiten, die bereits im Vorschulalter erhoben werden können, auf. Man erhofft sich, durch spezielle Förderung der Kinder, bei denen schon vor Schuleintritt Defizite in grundlegenden Bereichen festgestellt werden, die Anzahl der Kinder, die zu einem späteren Zeitpunkt im Mathematikunterricht Probleme haben, zu verringern.[40]

3.1 Vorhersage von Rechenschwierigkeiten

Die besondere Beachtung der Frühförderung mathematischer Vorläuferfähigkeiten wurde hauptsächlich durch die Ergebnisse der PISA-Studie ausgelöst. Im Rahmen der Untersuchungen der PISA-Studien konnte die Bedeutung des vorschulischen Bereichs für den Kompetenzerwerb in Mathematik hervorgehoben werden. Schülerinnen und Schüler, die bei PISA 2003 über höherwertige Kompetenzen in Mathematik verfügten, hatten - laut der Angabe ihrer Eltern - auch längere Zeit eine vorschulische Institution besucht.[41] Des Weiteren wurden in den vergangenen Jahren vermehrt Studien veröffentlicht, die bestätigen, dass mathematisches Vorwissen im Vorschulalter spätere Mathematikleistungen besser vorhersagen kann als beispielsweise Intelligenz allein.[42] In der Längsschnittstudie LOGIK („Longitudinalstudie zur Genese individueller Kompetenzen") wurden unter anderem die Entwicklung mathematischer Kompetenzen unter der Berücksichtigung von Einstellungen, schulbezogenen Persönlichkeitsmerkmalen und unterrichtsbezogenen Einflussgrößen bei Kindern vom Kindergarten bis in die

---

[39] vgl. Gasteiger, 2010, S.65.
[40] ebd. S.145.
[41] vgl. Prenzel et al., 2004, S.274f.
[42] vgl. Fritz, Ricken, 2005, S.23.

Sekundarstufenzeit im Detail analysiert.[43] Die Ergebnisse verdeutlichen, dass durch vorhandenes Vorwissen deutlich mehr Varianz bei der Vorhersage mathematischer Kompetenz bei Kindern bzw. Jugendlichen aufklärt als Intelligenzfaktoren. Dem Vorschulischen mathematischen Wissen wird daher eine große Bedeutung bei der Vorhersage von späteren Rechenschwierigkeiten zugeschrieben. Kristin Krajewski konnte in einer Längsschnittstudie im Zusammenhang der Früherkennung von Rechenstörungen, in der die mathematische Entwicklung von Kindergartenkindern ein halbes Jahr vor Schulbeginn bis zum Ende der vierten Klasse untersucht wurde, einen hohen Zusammenhang zwischen mengen- und zahlbezogenem Vorwissen und den Mathematikleistungen bis zum Ende der Grundschulzeit zeigen.[44]

> „Als Hauptergebnis [...]lässt sich festhalten, dass sich das in den theoretischen Überlegungen herausgestellte mengen- und zahlbezogene Vorwissen nicht nur gut im Vorschulalter erfassen lässt, sondern dass dieses Wissen auch eine starke prädikative Kraft für die Vorhersage von Mathematikleistungen hat. Als spezifisches Vorläuferwissen der Grundschulmathematik kann es darüber hinaus recht zuverlässig Kinder identifizieren, die später Schwierigkeiten mit dem Rechnen haben werden."[45]

So stellte auch eine Studie mit finnischen Kindern die im Vorschulalter vorhandenen Zählfertigkeiten als zuverlässigen Prädikator der Mathematikleistungen in der ersten Klasse heraus.[46] Auch in einer aktuellen deutschen Längsschnittstudie, in der rund 1000 Kindergartenkinder ein Jahr vor der Einschulung hinsichtlich ihrer mathematischen Vorläuferkompetenzen untersucht worden waren, konnte gezeigt werden, dass die identifizierten potenziellen Risikokinder in Bezug auf das schulische Mathematiklernen deutlich von einer gezielten Förderung ihrer Mengen-Zahlen-Kompetenzen profitieren konnten. So konnte auch der Abstand zu den Kindern mit diesbezüglich gut entwickelten Vorläuferkenntnissen beim Schuleintritt deutlich verkleinert werden. Diese Leistungsverbesserung zeigte sich für über die Hälfte der vorschulisch geförderten Kindern auch am Ende der ersten Klasse als nachhaltig.[47] Die Untersuchungen verdeutlichen die Bedeutung relevanten Vorwissens und erster elementarer Fähigkeiten in Mathematik im vorschulischen Bereich, wie z.B. das Bestimmen kleiner Mengen oder erste Zählfertigkeiten, für die Erklärung mathematischer Kompetenzen bei Kindern im Primarbereich.[48]

---

[43] vgl. Hellmich, 2008, S.88.
[44] vgl. Krajewski, 2005, S.65f.
[45] Krajewski, 2005, S.65f.
[46] vgl. Aunola et al., 2004, S.762ff.
[47] vgl. Peter-Koop, Grüßing, Schmitman gen. Pothmann, 2008, S.221.
[48] vgl. Hellmich, 2008, S.91.

3.2 Standards für das Mathematiklernen im Vorschulalter

Die Überlegungen zu einem Curriculum zur Förderung mathematischer Kompetenzen im Vorschulalter der letzten fünf Jahre in Deutschland basieren auf wichtigen Entwicklungsarbeiten in den USA. Dort steht die Förderung mathematischer Vorläuferfähigkeiten schon länger im Fokus der Öffentlichkeit.. Die Konzeptionen gehen dabei hauptsächlich auf die Standards des National Council of Teachers of Mathematics zurück, welche im nordamerikanischen Raum „den Status unverbindlicher Rahmenrichtlinien für den Mathematikunterricht genießen".[49] Jene Richtlinien fanden im deutschsprachigen Raum Berücksichtigung bei der Entwicklung von Testaufgaben im Rahmen verschiedener internationaler Schulleistungsstudien wie z.B. PISA.[50] Die Standards, die für den Elementarbereich ausformuliert wurden, betreffen auch den Bereich des vorschulischen Lernens von Mathematik. In den Bildungsplänen der Länder sind die Ziele mathematischer Bildung sehr unterschiedlich strukturiert dargestellt. Teilweise geben Pläne nur vage Hinweise darauf, um was es in der mathematischen Bildung geht, andere strukturieren die Ziele und Bereiche genauer, doch besteht in den verschiedenen Plänen kein Konsens.[51] Fthenakis et al. 2009 ordnen die Ziele mathematischer Bildung nach Dimensionen, die sich an den Ausführungen der Bildungspläne und entwicklungspsychologischen Erkenntnissen orientieren. Dabei wurden zwei verschiedene Aspekte berücksichtigt, die sich auch in den Bildungsplänen finden: Zum einen inhaltliche *Bereiche* der elementaren mathematischen Bildung, in denen zusammengefasst wird, mit *was* sich Kinder im Rahmen dieser Bereiche auseinandersetzen und zum anderen *Ebenen* der mathematischen Bildung, die sich danach unterscheiden, *auf welchem Abstraktionsniveau* diese Auseinandersetzung erfolgt. Die Bereiche der frühen mathematischen Bildung sind: *Sortieren und Klassifizieren, Muster und Reihenfolgen, Zeit, Raum und Form* und *Mengen, Zahlen, Ziffern*. In jedem Bereich werden Ziele auf folgenden unterschiedlichen Ebenen ausgeführt: *Mathematische Grunderfahrungen, Sprachlicher Ausdruck* und *Vertiefung des mathematischen Verständnisses*. Hellmich und Jansen 2008 unterscheiden zwischen inhaltlichem und aktivitätsbezogenem Aspekt fünf verschiedene Inhaltsbereiche, welchen zur Zeit im Hinblick auf geeignete Förderangebote im vorschulischen besondere Beachtung zukommt. Im Einzelnen betrifft dies die Grundlegenden mathematischen Inhaltsbereiche Arithmetik, Geometrie, Muster und

---

[49] vgl. Hellmich, Jansen, 2008, S.60.
[50] vgl. Prenzel et al., 2004, S.17.
[51] vgl. Fthenakis et al., 2009, S.14.

Strukturen, Größen, sowie der Umgang mit Daten und Wahrscheinlichkeit.[52] Auch die von Steinweg 2008 formulierten Kompetenzbereiche, an denen sich Vorschulische Förderung orientieren kann, beziehen sich auf die Basisthemen der Mathematik. Sie unterschiedet zwischen den Bereichen: *Zahl und Struktur, Raum und Form, Größen und Maße* und *Zufall und Daten*.[53]

---

[52] vgl. Hellmich, Jansen, 2008, S.60.
[53] vgl. Steinweg, 2008, S.146f.

4 Ansätze zur Förderung früher mathematischer Kompetenzen

Bei der Förderung mathematischer Vorläuferfähigkeiten im Elementarbereich müssen nach Quaiser-Pohl 2008 S.107 folgende Bedingungen gegeben sein:

„ein altersgemäßer und spielerischer Umgang mit Zahlen, Mengen und abstrakten Symbolen, der keine große Anstrengung verursacht, Möglichkeiten zur Entwicklung von Sensibilität für mathematische Zusammenhänge und Spaß und Freude bei der Beschäftigung mit mathematischen Fragen."

Im Zusammenhang mit der Bedeutung von Vorwissen auf die späteren Rechenleistungen sagt Krajewski, dass nur inhaltsspezifische Trainings auch eine spezifische Wirkung zeigen. Wer mathematische Einsichten fördern will, muss zur Förderung auch mathematische Inhalte heranziehen. Die Prävention von der Rechenschwäche sollte auf die Förderung mathematischer Vorkenntnisse abzielen.[54] Grundsätzlich gilt, dass die Beschäftigung mit Mathematik im Vorschulalter nicht die Schule vorverlagern, also Inhalte des Primarbereichs im Elementarbereich vorwegnehmen, soll. Deshalb sollten Ansätze zur Förderung viele spielerische Akzente besitzen und der „natürlichen Neigung von Kindern zur quantitativen Erfassung ihrer Umgebung in von Mengen und Zahlen entgegenkommen."[55] Im Folgenden werden verschiedene Ansätze zur Förderung mathematischer Kompetenzen im Vorschulalter erläutert.

4.1 Trainingsprogramme

Aufgrund der Tatsache, dass die Arbeit mit Bildungsplänen für den Elementarbereich für viele Erziehende eine neue Herausforderung ist und weil in den Bildungsplänen konkrete Handlungskonzepte fehlen, ist der Bedarf an zusätzlichen Materialien für die Erziehenden groß. So wurden in den letzten Jahren einige Konzeptionen, Trainingsprogramme und offene Konzepte für elementare mathematische Bildung veröffentlicht.[56] Im Wesentlichen kann man zwei Ansätze unterscheiden. Die in diesem Kapitel beschriebenen Förderprogramme, die in Form von kleinen Lerneinheiten mathematisches Lernen eher lehrgangsartig andenken und die Idee zur elementaren mathematischen Bildung mit dem Ziel, Lerngelegenheiten zu schaffen und zu nutzen. Im Folgenden werden zwei Trainingsprogramme vorgestellt.

---

[54] vgl. Krajewski, 2008a, S.285.
[55] Quaiser-Pohl, 2008, S.107.
[56] vgl. Gasteiger, 2010, S.79.

4.1.1 „Komm mit ins Zahlenland"

Das Programm „Komm mit ins Zahlenland" beruht auf dem Prinzip der Ganzheitlichkeit, auf der Verbindung von Sprache und Musik und einem spielerischen „altersgemäßen Zugang zur Welt der Zahlen"[57], denn Mathematik soll Spaß machen und mit fröhlichen Ereignissen verbunden werden.[58] Es handelt sich um Konzeptionen, die für die Durchführung in der gesamten Kindergruppe erarbeitet wurden und keine spezielle Vorauswahl von besonders förderbedürftigen Kindern voraussetzt. Das Ziel des Programms ist es, dass die Kinder „viel Spaß bei den verschiedenen Aktivitäten" haben und „ganz nebenbei wichtige Grundlagen der Mathematik" lernen.[59] Mathematisch konzentriert sich das Programm vor allem auf Aspekte des Zählens wie den Anzahlaspekt, den Ordnungsaspekt, die Zahlzerlegung, die Ziffernbilder und geometrische Grundformen. Die Darstellung des Zahlenraums geschieht dabei nicht auf numerisch-abstrakte, sondern auf emotional-narrative Weise. Der Zahlenraum bis zehn soll als Raum verstanden werden, in dem die Zahlen zu Hause sind, was man durchaus wörtlich verstehen kann. Die Zahlen werden als beseelte Wesen dargestellt, die in Häusern mit Gärten wohnen (vgl. Abbildung 2) und in personalisierter Form ihre mathematischen Eigenschaften kundtun, in dem sie sprechen, Zahlenlieder singen und in Zahlengeschichten eingebunden werden.

Abbildung 2: Formen der Zahlengärten aus Komm mit ins Zahlenland
(Quelle: Friedrich, de Galgóczy, 2004)

Die Autoren begründen diese Herangehensweise unter anderem mit Befunden der Entwicklungspsychologie, die Kindern im Alter von drei bis sechs Jahren eine eigene altersbedingte kognitive Erlebnis- und Denkweise unterstelle, in der die Dinge weniger rational, sondern eher emotional wahrgenommen würde.[60] So würden in diesem Alter Gegenständen Gefühle, Leben und Absichten unterstellt, klare Trennungen zwischen Gut

---

[57] vgl. Friedrich, de Galgóczy, 2004, S.10.
[58] ebd. S.9.
[59] ebd. S.11.
[60] vgl. Friedrich, Munz, 2006, S.134ff.

Förderung mathematischer Kompetenzen im Vorschulalter 19

und Böse gezogen und magische Erklärungen akzeptiert was durch die Personifizierung der Zahlen aufgegriffen werden soll. Das Training findet in Gruppen von neun bis zehn Kindern statt, die sich einmal wöchentlich für ca. 50-60 Minuten treffen. Jede Woche steht eine Zahl im Mittelpunkt und jeder Termin beginnt mit dem Singen eines Zahlenliedes und dem Erzählen einer Zahlgeschichte, woran man den Anspruch einer ganzheitlichen Förderung erkennen kann. Daran schließen sich Spiele und andere Aktivitäten an, die die jeweilige Zahl behandeln.[61]

4.1.2 „Mengen, zählen, Zahlen"

Dem Würzburger Trainingsprogramm „Mengen, zählen, Zahlen" zur Förderung der Mengenbewusstheit von Zahlen und Zahlenrelationen liegt das in Kapitel 2.2 beschriebenen Entwicklungsmodell früher mathematischer Kompetenzen zugrunde[62], welches Krajewski, basierend auf der Arbeit von Resnick[63], weiterentwickelt hat. Es baut systematisch von der Einübung der Basisfertigkeiten (Ebene I) bis zur Vermittlung der Zahlenstruktur (Ebene III) konzeptuelles Wissen auf.[64] Das Programm wird in einem Zeitraum von zehn Wochen täglich im Kindergarten durchgeführt und wurde bisher mit Vorschulkindern erprobt. Der systematisch aufgebaute Lehrgang ist in drei Förderschwerpunkte aufgegliedert. Der erste Förderschwerpunkt übt und verknüpft die numerischen Basisfertigkeiten Mengenunterscheidung und Zählen, wobei auch die Ziffern mit einbezogen werden. Die Kinder erlernen und festigen zunächst das Zählen (verbale Zahlenfolge) und lernen die Ziffern kennen (Ebene I). Bei Spielen, bei denen Mengen auszuzählen und den in einer Reihe angeordneten Zahlen zuzuordnen sind, werden die Basisfertigkeiten mit dem *Anzahlkonzept* (Ebene II) verknüpft. Diese punktuelle Zuordnung von Mengen an die Zahlen*reihe* (präzises Anzahlkonzept, Ebene IIb) wird besonders intensiv gefördert.[65] Ein zweiter Schwerpunkt liegt auf dem Verständnis der *Anzahlrelationen*, dieser Teil nimmt einen großen Teil des zehnwöchigen Programms in Anspruch. Den Kindern wird vermittelt, dass von einer zur nächsten (An-)Zahl immer genau eins hinzukommt (Zunahme-um-Eins-Prinzip, Ebene IIIb) und dass sich (An-)Zahlen aus kleineren (An-)Zahlen zusammensetzen lassen (Teil-Ganzes-Prinzip, Ebene IIIa). In den letzten zwei Wochen stehen mit dem dritten Förderschwerpunkt die Beziehungen von Zahlen im Mittelpunkt Die Vermittlung dieser Kompetenzen wird an

---

[61] vgl. Pauen, Pahnke, 2008, S.196.
[62] vgl. Krajewski, 2008a, S.276.
[63] vgl. Resnick, 1989, S.162ff.
[64] vgl. Kapitel 2.2.
[65] vgl. Krajewski, 2008, S.368.

„feste, abstrakte Veranschaulichungsmittel geknüpft, die an ähnlichen Spielformaten wiederholt und auf höheren Ebenen gefestigt werden."[66] Wichtigstes Darstellungsmittel ist die „Zahlentreppe" (vgl. Abbildung 3), welche neben der Repräsentation der quantitativen Ordnung der Zahlenfolge (präzises Anzahlkonzept, Ebene IIb), auch die Darstellung von Zahlbeziehungen (Ebene III) ermöglicht. Da die Verfasser des Programms sich darauf beziehen, dass Kinder über beschränkte Gedächtnisressourcen verfügen und sie diese nicht dazu aufbringen sollen, um die unterschiedlichsten Zahlen mit unterschiedlichsten Dingen zu verknüpfen, beschränkt man sich auf die Zahlentreppe und eine „Zahlenstraße" (die in richtiger Reihenfolge ausgelegten Zahlenkärtchen von eins bis zehn).[67] Diese Bemerkung kann auch als Abgrenzung von den Zahlenland-Programmen, in denen jede Zahl mit einer anderen geometrischen Form dargestellt wird, verstanden werden.[68]

Abbildung 3: Zahlentreppe aus Mengen, zählen, Zahlen
(Quelle: Krajewski, 2008b)

Ein weiterer Grundsatz des Trainingsprogramms ist die Verbalisierung (Metakognitive und selbstinstruierende Elemente) und das Modellverhalten der Erzieherinnen.

„Damit die Kinder eine Vorstellung von der Aufgabe erhalten, führt die Erzieherin die Übung vor und verbalisiert dabei laut den numerischen Inhalt der Handlung. Mithilfe von Leitfragen (z.B. „Bei welcher Zahl liegt eins mehr?") regt sie die Kinder zur Nachahmung und schließlich zur Reflexion über die zu Grunde liegende Zahlenstruktur an."[69]

4.2 Nutzen und Schaffen mathematischer Lerngelegenheiten

Mathematische Förderung in Trainingsprogrammen, wie sie zuvor geschildert wurden, stellen das Einüben einzelner Fähigkeiten und Fertigkeiten in den Mittelpunkt, sind aufgrund der lehrgangsorientierten Organisation eher in sich geschlossen und bieten

---

[66] vgl. Krajewski, 2008, S.368.
[67] vgl. Gasteiger, 2010, S.86.
[68] ebd.
[69] vgl. Krajewski, 2008, S.368.

demzufolge das gleiche, festgelegte Lernprogramm für alle Kinder. Weitere konzeptionelle Vorschläge zur frühen mathematischen Bildung beziehen sich auf grundlegende Ideen der Mathematik und darauf, das mathematische Lernen von Kindern anzuregen, in ihrem natürlichen Lernprozess zu unterstützen und sie entsprechend ihrer individuellen Entwicklung zu fördern.[70] Dabei ist es wichtig, dass mathematische Lerngelegenheiten, die sich im Alltag immer wieder bieten, genutzt werden und darüber hinaus auch bewusst für mathematische Lerngelegenheiten gesorgt wird und es ist keine lehrgangsorientierte Vorgehensweise.„Mathematische Förderung dieser Ausrichtung bezieht sich auf die Grundideen des Fachs Mathematik, auf das natürliche Interesse des Kindes und auf das Lernen in sinnvollen Kontexten."[71] Für eine elementare mathematische Bildung, die als Kern hat, mathematische Lerngelegenheiten zu nutzen und zu schaffen, ist der Bezug auf das Fach Mathematik von besonderer Bedeutung.[72] Aktuelle konzeptionelle Überlegungen für frühe mathematische Förderung betonen die Notwendigkeit, sich an grundlegenden Ideen der Mathematik auszurichten. Die Orientierung am Fach zeigt sich nicht nur in der Beschreibung von Inhalten, ebenso sind mathematische Denk- und Handlungsprozesse von großer Bedeutung. Der Bezug zum Fach zeichnet sich also durch entdeckende problemlösende Aktivitäten aus, die die Kommunikation zwischen den Kindern und mit Erwachsenen initiieren, erste mathematische Argumentationen und Kreativität erfordern.[73] Neben der fachlichen Orientierung zeichnen sich Konzeptionen mathematischer Frühförderung, die besonderen Wert auf gehaltvolle Lerngelegenheiten legen, durch eine Orientierung am Kind und seinen Lernprozessen aus. „Dabei zeigt sich ein konstruktivistisches Verständnis des Lernens als kumulativer, selbsttätiger und situativer Prozess".[74] Dabei ist die Aufgabe der Erziehenden, das Lernen durch geeignete Impulse, wie z.B. ‚Könnt ihr die Bausteine zwischen euch aufteilen?', ‚Welches Teil kommt als Nächstes?' oder ‚Bist du dir sicher?', zu unterstützen und die Lernumgebung so zu gestalten, dass mathematisches Lernen und eigenständiges Problemlösen angeregt wird.[75] Ebenso trägt Kommunikation zwischen Kindern und mit Erwachsenen wesentlich zu mathematischem Lernen bei. Erkenntnisse sind nicht allein das Resultat individueller Konstruktionsprozesse, sondern werden durch dialogische Auseinandersetzungen und

---

[70] vgl. Gasteiger, 2010, S.92.
[71] Gasteiger, 2010, S.93.
[72] vgl. Gasteiger, 2010, S.93.
[73] ebd. S.95.
[74] Gasteiger, 2010, S.95.
[75] vgl. Gasteiger, 2010, S.96.

kollektives Aushandeln gewonnen.[76] So wird die Bedeutung der Sprache, der Interaktion und Kommunikation von Konzeptionen, die es sich zur Aufgabe gemacht haben mathematische Lerngelegenheiten zu nutzen und zu schaffen, immer wieder unterstrichen. In Form von Impulsfragen und Gesprächsanregungen zeigt sie sich konkret bei Vorschlägen für mathematische Aktivitäten in Spielsituationen. Der Ansatz besteht aus zwei Teilen, beide werden im Folgenden erläutert und durch Beispiele konkretisiert.

4.2.1 Mathematik im Alltag

Mathematik im Alltag fördern bedeutet ganz bewusst die natürlichen Lerngelegenheiten des Kindes zu nutzen und weiterzuentwickeln.[77] Dazu zählt auch den Kindern angemessene Hilfsmittel bereitzustellen. Von großer Bedeutung ist immer wieder auch über die Grenzen des Alltagsverständnisses hinauszugehen, um logisches Denken und Handeln auch in neuen Situationen anzubahnen.[78] Besonders das Verknüpfen von alltäglichen Erfahrungen mit Erfahrungen, die in Bildungsinstitutionen gesammelt werden, kann zur Qualitätssteigerung von institutioneller mathematischer Bildung beitragen.[79] Die folgenden Beispiele für mathematisches Lernen im Alltag von Kindertagesstätten nach dem oben beschriebenen Ansatz, orientieren sich an der Aufgliederung in vier Erfahrungsbereiche von Steinweg, die sich aus verschiedenen Basisthemen ergeben.[80] Die folgenden Beispiele dazu beziehen sich auf die Ausführungen von Gasteiger 2010 S.98ff. Zum mathematischen Lernen im Bereich *Zahl und Struktur* bieten alltägliche Situationen in Kindertagesstätten zahlreiche Gelegenheiten. Zählfähigkeit können die Kinder entwickeln, wenn z.B. jeden Morgen die Kinder der Gruppe gezählt werden, wenn beim Tischdecken überlegt wir, wie viele Gabeln gebraucht werden oder bei sportlichen Aktivitäten ermittelt wird, wie oft ein Kind beispielsweise auf dem linken Bein hüpfen kann. Dabei und durch Abzählverse, Reime oder Lieder kann bei Kindern die Zahlwortreihe gefestigt werden. Vorstellungen zu Mengen, Vergleichen und Schätzen werden durch Fragen, wie z.B. „Haben wir genug Gummibärchen für alle Kinder" oder „Wie viele Perlen könnten in dem Glas sein", geschult. Ein erstes Verständnis für Strukturen und damit auch für Teil-Ganzes-Beziehungen entwickelt sich durch rhythmisches Zählen, durch das Aufsuchen von Mustern in der Umwelt und beim Versuch, Mengen auf einen Blick zu erkennen. Auch im Erfahrungsbereich *Raum und Form* ergeben

---

[76] Gasteiger, 2010, S.96.
[77] vgl. Gasteiger, 2010, S.97.
[78] ebd.
[79] ebd. S.98.
[80] vgl. Steinweg, 2008, S.145ff.

sich viele mathematische Lerngelegenheiten im Alltag. Dies beginnt schon beim Zurechtfinden im Kindergarten-Gebäude oder beim Beschreiben von Wegen. Das Beschreiben des Standorts oder der Lage von gesuchten Gegenständen oder Kindern ist auch eine alltägliche geometrische Aktivität. Den Kindern begegnen in der Umwelt die verschiedensten Formen, wie z.b. Verkehrsschilder, Fensterformen, Schachteln und Bälle, die bewusst gesucht oder beschrieben werden können. Unter dem Spiegel bzw. mit Spiegelbildern und beim reflektierten Betrachten etlicher Alltagsgegenständen (z.b. Wippe, Besen, Fußballfeld) sammeln die Kindern erste Erfahrungen zur Symmetrie. Mathematisches Lernen im Bereich *Größen und Maße* erfolgt z.b. beim Messen der Körpergröße, beim Wiegen oder beim Warten auf den Geburtstag. Weitere Erfahrungen zum Wiegen oder zum Messen können auch beim Backen eines Kuchens gesammelt werden und beim Aufräumen kann das Ordnen nach der Größe eine Rolle spielen. Mathemachtische Lerngelegenheiten zum Bereich *Zufall und Daten* begegnen den Kindern ebenfalls schon früh im Alltag. Demokratische Entscheidungen, wie z.B. die über ein Ausflugsziel, eignen sich gut dazu, Ergebnisse über Diagramme oder Schaubilder anzubahnen. Dazu können Strichlisten oder auch z.B. Türme aus Legosteinen verwendet werden. Beim Losziehen und beim alltäglichen Würfelspiel, sammeln Kindern Erfahrungen mit dem Zufall. Diese können beschrieben, mit denen andere Kinder verglichen und durch Experimente systematisiert werden.

4.2.2 Mathematik im Spiel

Der zweite Teil des Ansatzes früher mathematischer Bildung ist das Nutzen und Schaffen von Lerngelegenheiten im Spiel. Es geht nicht darum, „Aktivitäten mit dem Ziel, Mathematik in Form von Rahmengeschichten und künstlichen Verpackungen streng angeleitet an Kinder heranzutragen"[81] Diesen fehlt oft durch strenge Vorgaben das Element der Freiheit.[82] Kunze und Gisbert sagen über die Angemessenheit und den Anregungsgehalt solcher Aktivitäten: „Die von den Erzieherinnen ausgewählten Aktivitäten sollten dem Entwicklungsstand der Kinder angemessen sein und sie dazu anregen, ihre Umwelt aktiv zu erkunden."[83] Weiter beschreiben sie, dass sich qualitativ hochwertige Programme in diesem Sinne dadurch kennzeichnen, „dass den Kindern verschiedene Spielumfelder zur Verfügung gestellt werden, in die die Erzieherinnen aktiv eingreifen, um das Spiel der Kinder zu erweitern, den Kindern geholfen wird, es

---

[81] Gasteiger, 2010, S.100.
[82] vgl. Gasteiger, 2010, S.100.
[83] Kunze, Gisbert, 2007, S.46.

auszuarbeiten und insgesamt der Spielraum der Kinder wenig eingeengt wird."[84] Für elementare mathematische Bildung, die der in Kapitel 3.2 beschriebenen Ausrichtung entspricht, ist das Spiel besonders wichtig, denn es stellt eine angemessene, altersgemäße Lernform dar und entspricht somit den natürlichen Bedürfnissen des Kindes.[85] Fthenakis, Schmitt, Daut, Eitel und Wendell 2009 beschreiben das Spiel als wichtigste Lernform des Kindes. Dabei sollten gute Lernmaterialien und mathematische Ideen „in ihrer Substanz ‚unverkleidet', darstellen und für Kinder sicht- und anfassbar werden lassen. Die Spielfreude und Motivation für mathematische Aktivitäten ergibt sich dann aus dem mathematischen Aspekt selbst."[86] Wie in Kapitel 3.2.1. kann man auch mathematische Lerngelegenheiten im Spiel den verschiednen Erfahrungsbereichen zuordnen. Die Beispiele dazu beziehen sich ebenfalls auf die Ausführungen von Gasteiger 2010 S.98ff. Mathematische Lernerfahrungen im Bereich *Zahl und Struktur* machen Kinder bei jeder Art von Würfelspiel mit dem normalen Spielwürfel, auf dem die Punktbilder von eins bis sechs abgebildet sind. Die Kinder lernen die Würfelbilder zu erkennen, können darin im besten Fall schon Zahlzerlegungen sehen, beim Vorwärtsziehen eines Spielsteins zählen sie und achten dabei auf die Eins-zu-Eins-Zuordnung und können möglicherweise schon in Zweierschritten vorwärts ziehen. Viele weitere Spielideen, die den Bereich der Struktur herausheben, ergeben sich mit Hilfe von Mengenkärtchen mit strukturierten und unstrukturierten Mengenbildern. Als Strukturen können beispielsweise wieder Würfelbilder, Fingerbilder oder andere geeignete Punktanordnungen genutzt werden. Der Phantasie sind hier keine Grenzen gesetzt, denkbar sind z.B. Blitzlesen oder Zuordnungsspiele. Zum Bereich *Raum und Form* ist die Spielidee des freien und angeleiteten Bauens mit Bausteinen an erster Stelle zu nennen. Hierbei gewinnen die Kinder Einsichten in die Beziehungen der verschiedenen Körperformen zueinander und Gemeinsamkeiten werden entdeckt, wie beispielsweise, dass man einen Quader mit quadratischer Grundfläche durch zwei Würfel ersetzen kann. Das Bauen nach Vorlage ist eine weitere spielerische Lernaktivität. Ausgeweitet kann diese werden, indem man zu selbst hergestellten Bauwerken die Baupläne zeichnet. Im zweidimensionalen Raum gibt es ähnliche Ideen mit Formenplättchen, wie beispielsweise das Erstellen von Mosaiken, einfache Parkettierung und das Legen von Mustern, sowohl nach Vorlagen, als auch frei. Im Bereich *Größen und Maße* sammeln die Kinder Erfahrungen bei klassischen Spielen wie beispielsweise Verstecken (Zeitmessung durch Zählen) oder beim Kaufladenspiel

---

[84] Kunze, Gisbert, 2007, S.46.
[85] vgl. Gasteiger, 2010, S.102.
[86] Fthenakis et al., 2009, S.60.

(Wiegen, Wertvergleiche). Auch in freien Spielsituationen mit Themen, die sich die Kinder selbst suchen (z.b. Schuhe anprobieren, Größen vergleichen), ergeben sich solche Lernsituationen, die durch geeignete Impulse der Erzieher für mathematisches Lernen genutzt werden können.[87] Wichtige Lerngelegenheiten können viele Spiele für den Bereich *Zufall und Daten* liefern. Erste Erfahrungen mit dem Zufall machen die Kindern bei Würfelspielen. Durch einfache Spiele können diese systematisiert werden, wie z.b.: die rote bzw. die blaue Spielfigur darf nur weiterziehen, wenn rot bzw. blau gewürfelt wird. Verwendet man unterschiedliche Würfel, können Kinder durch wiederholtes Würfeln erfahren, dass die Wahrscheinlichkeit bestimmter Würfelergebnisse von der Beschaffenheit und Form des Würfels, also des Zufallsgenerators abhängt.

Wenn es den Erzieherinnen und Erziehern gelingt, mathematische Lerngelegenheiten in Spiel und Alltag zu schaffen und zu nutzen, ist infolgedessen keine weitere sekundäre Motivation nötig. Mathematisches Lernen erfolgt dann aufgrund der offenen Zugangsweisen natürlich differenziert und bietet Kindern mit besonderen Bedürfnissen Anregungen und Kindern mit umfassenden Vorkenntnissen Herausforderungen. Der Forderung nach Anschlussfähigkeit wird durch die Orientierung am Fach nachgekommen.[88]

---

[87] vgl. van Oers, 2004, S.322.
[88] vgl. Gasteiger, 2010, S.103.

Zusammenfassung

Nach Veröffentlichung der ersten PISA-Ergebnisse begann die bis heute anhaltende Hochphase mathematischer Bildung im vorschulischen Bereich. Die Entwicklung von Bildungsplänen für den vorschulischen Bereich resultiert ebenfalls aus der Diskussion, die durch die PISA-Ergebnisse ausgelöst wurde. Man erhofft sich, durch spezielle Förderung der Kinder, bei denen schon vor Schuleintritt Defizite in grundlegenden Bereichen festgestellt werden, die Anzahl der Kinder, die zu einem späteren Zeitpunkt im Mathematikunterricht Probleme haben, zu verringern.[89] Die besondere Notwendigkeit sich intensiv mit elementarer mathematischer Bildung im vorschulischen Bereich zu beschäftigen ergibt sich aber auch im Hinblick auf die Heterogenität der Kinder. Besonders die Kinder, die in ihrem täglichen Umfeld keine oder wenig Anregungen für mathematisches Lernen erfahren, sind auf die Kompensation dieses Erfahrungsrückstandes gegenüber Gleichaltrigen durch Anregungen in vorschulischen Einrichtungen angewiesen.[90] Kinder entwickeln von den ersten Lebenswochen an mathematische Fähigkeiten. Ob und inwieweit die Entwicklung mathematischer Kompetenzen vor Eintritt in die Schule so vonstatten geht, dass eine solide Basis für schulisches Lernen geschaffen wird, hängt nämlich zu einem großen Teil von einem anregungsreichen Lernumfeld ab. Dabei übernehmen Kindertagesstätten eine verantwortungsvolle Aufgabe. Da die Art der Förderung Einfluss darauf nimmt, welches Verständnis Kinder über die Zahlen, den Zahlenraum und die Struktur der Zahlen aufbauen[91] und somit die Entwicklung der mathematischen Fähigkeiten beeinflusst, sollte der Ausgangspunkt für das vorschulische mathematische Lernen die individuellen Voraussetzungen und Lernbedürfnisse der Kinder sein. Dies begründet sich durch die Erkenntnisse über erfolgreiche Lernprozesse, durch das Wissen um die Heterogenität der mathematischen Kompetenzen der Kinder vor Schuleintritt und durch die vielen Untersuchungen, welche die Bedeutsamkeit von numerischen Basisfähigkeiten für das schulische Weiterlernen aufzeigen.[92] Es ist dabei besonders wichtig für den Erziehenden sich immer wieder einen umfassenden Überblick über den mathematischen Entwicklungsstand des Kindes zu verschaffen, was sie am besten durch fachbezogene und kontinuierliche Beobachtung erreichen können. Zur Förderung, die auf die Kompetenzentwicklung individueller Voraussetzungen ausgerichtet ist, sind

---

[89] vgl. Gasteiger, 2010, S.145.
[90] ebd. S.104.
[91] vgl. Krajewski, 2008a, S.300f.
[92] vgl. Gasteiger, 2010, S.247.

gehaltvolle Lernanlässe nötig. Diese können zu einem großen Teil in Alltags- und Spielsituationen in den Kindertagesstätten ergeben, sie müssen aber auch genutzt werden. Gilt es, Kinder schon vor Schuleintritt ihren individuellen Voraussetzungen und Kompetenzen gemäß bestmöglich mathematisch zu fördern, so ist ein offener Ansatz, der natürliche Lernsituationen nutzt, bewusst macht und für weitere gehaltvolle Lernanregungen sorgt, den lehrgangsorientierten Trainings- oder Lernprogrammen eindeutig vorzuziehen.

Literaturverzeichnis

Aunola, K., Leskinen, E., Lerkkanen, M.-K., Nurmi, J.-E. (2004): *Developmental dynamics of mathematical performance from preschool to grade 2*. In: Journal of Educational Psychology Vol. 96, S.762–770.

Clements, D.H. (1984): *Training effects on the development and generalization of Piagetian logical operations and knowledge of number*. In: Journal of Educational Psychology. Vol. 76/5, S.766-776.

Clements, D.H., Sarama, J. (2007): *Effects of a Preschool Mathematics Curriculum. Summative Research on the Building Blocks Project*. In: Journal for Research in Mathematics Education Vol. 38 (2), S. 136–163.

Fthenakis, W. E., Schmitt, A., Daut, E., Eitel, A., Wendell, A. (2009): *Natur – Wissen schaffen. Band 2 Frühe mathematische Bildung*. Troisdorf: Bildungsverlag EINS.

Friedrich, G., de Galgóczy, V. (2004): *Komm mit ins Zahlenland: Eine spielerische Entdeckungsreise in die Welt der Mathematik*. Freiburg: Christophorus.

Friedrich, G., Munz, H. (2006). *Förderung schulischer Vorläuferfähigkeiten durch das didaktische Konzept "Komm mit ins Zahlenland"*. Psychologie in Erziehung und Unterricht, 53, S.134-146.

Fritz, A., Ricken, G. (2005): Früherkennung von Kindern mit Schwierigkeiten im Erwerb von Rechenfertigkeiten. In: Hasselhorn, M., Mark, H., Schneider, W. (Hrsg.): *Diagnostik von Mathematikleistungen*. S.5-28. Göttingen: Hogrefe.

Fuson, K.C. (1988): *Children´s Counting and Concepts of Number*. New York: Springer.

Gelman, R., Gallistel, C.R. (1986): *The Child´s Understanding of Number*. 2. Auflage, Cambridge, Massachusetts, London: Harvard University Press.

Gasteiger, H. (2010): *Elementare mathematische Bildung im Alltag der Kindertagesstätte – Grundlegung und Evaluation eines kompetenzorientierten Förderansatzes*. Münster: Waxmann.

Hellmich, F. (2008): Förderung mathematischer Vorläuferfähigkeiten im vorschulischen Bereich – Konzepte, empirische Befunde und Forschungsperspektiven. In: Hellmich, F., Köster, H. (Hrsg.): *Vorschulische Bildungsprozesse in Mathematik und Naturwissenschaften*. S.83-102. Bad Heilbrunn: Klinkhardt.

Hellmich, F., Jansen, S. (2008): Diagnose mathematischer Vorläuferfähigkeiten im vorschulischen Bereich. In: Hellmich, F., Köster, H. (Hrsg.): *Vorschulische Bildungsprozesse in Mathematik und Naturwissenschaften*. S.59-82. Bad Heilbrunn: Klinkhardt.

Jugendministerkonferenz (JMK) (2002): Beschluss der Jugendministerkonferenz vom 6./7. Juni 2002. Bildung fängt im frühen Kindesalter an. Osnabrück: http://www.ljrt-online.de/wDeutsch/download/jugendhilfe/JMK_pisa.pdf (Zugriff 23.11.11).

Krajewski, K. (2005): Vorschulische Mengenbewusstheit von Zahlen und ihre Bedeutung für die Früherkennung von Rechenschwäche. In: Hasselhorn, M., Mark, H., Schneider, W. (Hrsg.): *Diagnostik von Mathematikleistungen*. S.49-70. Göttingen: Hogrefe.

Krajewski, K. (2008): Prävention der Rechenschwäche. In: Schneider, W., Hasselhorn, M. (Hrsg.): *Handbuch der Pädagogischen Psychologie*. Band 10. S.360-370. Göttingen: Hogrefe.

Krajewski, K. (2008a): Vorschulische Förderung mathematischer Kompetenzen. In: Petermann, F., Schneider, W. (Hrsg.): *Angewandte Entwicklungspsychologie*. S.275-301. Göttingen: Hogrefe.

Krajewski, K. (2008b): *Zahlentreppe: Mathematik plus & Lehrmittel. Mathematik plus*. Berlin: Cornelsen.

Krajewski, K., Grüßing, M., Peter-Koop, A. (2009): Die Entwicklung mathematischer Kompetenzen bis zum Beginn der Grundschulzeit. In: Heinze, A., Grüßing, M. (Hrsg.): *Mathematiklernen vom Kindergarten bis zum Studium. Kontinuität und Kohärenz als Herausforderung für den Mathematikunterricht.* S.17-34. Münster: Waxmann.

Kunze, H.-R., Gisbert, K. (2007): Förderung lernmethodischer Kompetenzen in Kindertageseinrichtungen. In: Bundesministerium für Bildung und Forschung (Hrsg.): *Auf den Anfang kommt es an: Perspektiven für eine Neuorientierung frühkindlicher Bildung.* Bonn, Berlin: BMBF. http://www.bmbf.de/pub/bildungsreform_band_16.pdf (Zugriff 01.11.11).

Oers, van B. (2004): Mathematisches Denken bei Vorschulkindern. In: Fthenakis, W. E., Oberhuemer, P. (Hrsg.): *Frühpädagogik international.* S.313-330. Wiesbaden: VS Verlag.

Pauen, S., Pahnke, P. (2008): Mathematische Kompetenzen im Kindergarten: Evaluation der Effekte einer Kurzzeitintervention. In: Roux, S., Fried, L., Kammermeyer, G. (Hrsg.): *Sozial-emotionale und mathematische Kompetenzen in Kindergarten und Grundschule – eine Einführung.* Zeitschrift für empirische Pädagogik, 22 (2), S.193-208.

Peter-Koop, A., Grüßing, M., Schmitman gen. Pothmann, A. (2008): Förderung mathematischer Vorläuferfähigkeiten: Befunde zur vorschulischen Identifizierung und Förderung von potenziellen Risikokindern in Bezug auf das schulische Mathematiklernen. In: Roux, S., Fried, L., Kammermeyer, G. (Hrsg.): *Sozial-emotionale und mathematische Kompetenzen in Kindergarten und Grundschule – eine Einführung.* Zeitschrift für empirische Pädagogik, 22 (2), S.209-223.

Piaget, J. (1964): Die Genese der Zahl beim Kind. In: Piaget, J. (Hrsg.): *Rechenunterricht und Zahlbegriff.* S.50-72. Braunschweig: Westermann.

Piaget, J., Szeminska, A. (1975): *Die Entwicklung des Zahlbegriffs beim Kinde.* Stuttgart: Klett-Cotta.

Prenzel, M., Drechsel, B., Carstensen, C. H., Ramm, G. (2004): PISA 2003 – eine Einführung. In: PISA-Konsortium Deutschland (Hrsg.): *PISA 2003. Der Bildungsstand der Jugendlichen in Deutschland – Ergebnisse des zweiten internationalen Vergleichs.* S.13-44. Münster: Waxmann.

Prenzel, M., Heidemeier, H., Ramm, G., Hohensee, F., Ehmke, T. (2004): Soziale Herkunft und mathematische Kompetenz. In PISA-Konsortium Deutschland (Hrsg.): *PISA 2003. Der Bildungsstand der Jugendlichen in Deutschland – Ergebnisse des zweiten internationalen Vergleichs.* S.273-277. Münster: Waxmann.

Quaiser-Pohl, C. (2008): Förderung mathematischer Vorläuferfähigkeiten im Kindergarten mit dem Programm „Spielend Mathe". In: Hellmich, F., Köster, H. (Hrsg.): *Vorschulische Bildungsprozesse in Mathematik und Naturwissenschaften.* S.103-126. Bad Heilbrunn: Klinkhardt.

Resnick, L. B. (1989): *Developing mathematical knowledge.* In: American Psychologist, 44, S.162-169.

Steinweg, A. S. (2008): Zwischen Kindergarten und Schule – Mathematische Basiskompetenzen im Übergang. In: Hellmich, F., Köster, H. (Hrsg.): *Vorschulische Bildungsprozesse in Mathematik und Naturwissenschaften.* S.143-160. Bad Heilbrunn: Klinkhardt.